I0076719

NOTES

SUR LES

COLONIES AGRICOLES

DES PAYS-BAS

PAR EDOUARD FAYE.

MOULINS
IMPRIMERIE DE L. THIBAUD, RUE SAINT-PIERRE, 8.
1849

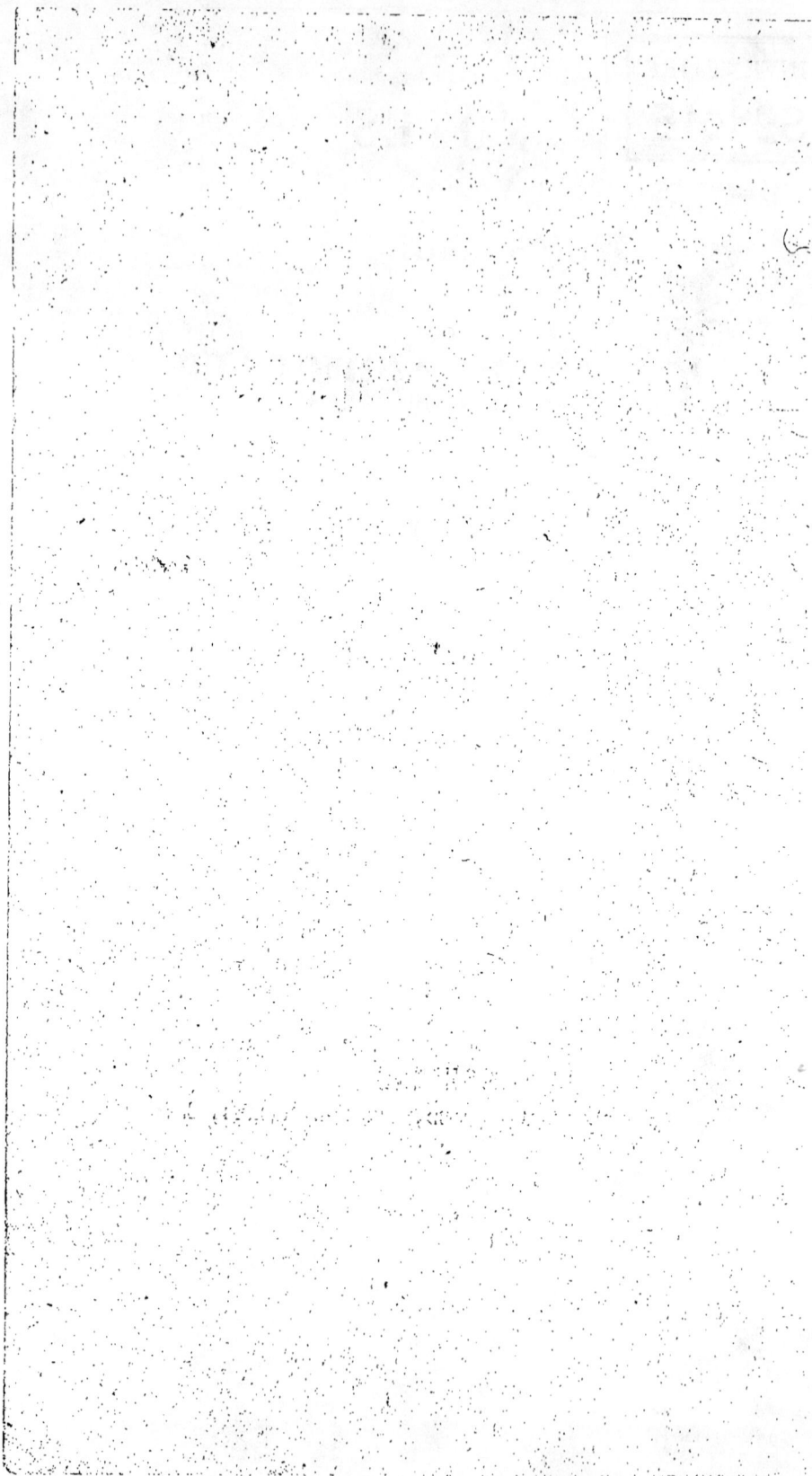

AVANT-PROPOS

Compâtir à la misère est un besoin de l'âme ; secourir l'indigence est un précepte de religion ; mais moraliser et féconder l'assistance est l'œuvre de la science.

Cette doctrine, réfléchie et progressive, je l'avais déjà en 1828, quand j'analysais les théories de charité légale, d'assistance collective, de secours publics, et que j'en rendais compte dans le *Bulletin universel des Sciences* publié sous la direction de M. de Férussac.

C'est, en effet, vers 1828 que les méditations religieuses et philanthropiques s'exercent avec émulation et avec ardeur sur les grands problêmes de la bienfaisance.

Jusqu'en 1830, l'esprit monarchique et catholique les domine et les dirige.

Dans les dix premières années qui suivirent le changement dynastique, il y eut plutôt des théories sociales que des essais charitables, et le gouvernement pensa plus à développer le travail et la richesse qu'à secourir directement la misère et à détruire la mendicité.

Cependant, vers 1840, la politique dut songer aux questions de prolétariat. Hommes d'Etat et de gouvernement, hommes de méditation et de philanthropie, commencèrent à s'en occuper sérieusement. Il y allait de la tranquillité publique et du salut de la société.

La République de 1848 surgit, et ce qui était méditation devint théorie appelant la consécration légale, ce qui était ébauche primesautière devint système exigeant l'application. L'esprit de parti fit, des projets philanthropiques, une arme de guerre civile. De là, l'établissement des ateliers nationaux, les théories des banques d'échange, les essais d'organisation du travail : de là, les projets d'hôtels nationalement affectés aux invalides civils ; de là, les promesses de pensions de retraite payées aux vieillards sur le trésor public.

Quand il fallut éloigner des ouvriers coûteux et dangereux, quand il fallut déporter les condamnés de juin, on songea à des colonies agricoles. Les devis furent calculés, les dépenses supputées, les plans arrêtés.

C'est alors, qu'étonné du chiffre élevé de la subvention réputée nécessaire, je résolus de visiter les colonies agricoles de Hollande, d'en apprécier le mécanisme et l'application, enfin d'en connaître les résultats économiques et moraux.

Heureux de faire une étude d'utilité publique et de faciliter peut-être une solution économique à mon pays, je réalisai sur-le-champ ce projet de voyage et je partis.

. . . .

. . . .

. . . .

. . . .

. . . .

J'estime les Hollandais comme individus. Ils sont simples dans leurs manières, francs dans leurs relations, hardis et patients dans leurs entreprises, sincères dans leurs affaires. Je les admire comme peuple, car je n'en sache aucun qui ait jamais exercé une influence aussi effective.

La Hollande a combattu par les armes le grand roi qui avait dompté toutes les nations européennes, le royal fondateur de la diplomatie française, si habile et si remarquable sous les derniers princes de la maison de Bourbon.

La Hollande a maintenu la liberté de penser et d'écrire, quand toute l'Europe la proscrivait.

La Hollande a pratiqué, patroné, prêché les idées libérales, quand tous les peuples courbaient la tête sous le despotisme, et elle a fini par conquérir l'Angleterre en lui donnant un roi et une constitution, par conquérir la France en lui donnant ses idées, ses principes et ses mœurs.

Ce serait un singulier et curieux livre à composer que celui qui retracerait l'envahissement des idées anglaises et hollandaises.

La France était catholique, et, par la révocation de l'édit de Nantes, elle avait prétendu assurer l'unité religieuse. Les idées hollandaises apportèrent la doctrine de la liberté des cultes, qui trouva écho dans la philosophie, s'infiltra dans nos mœurs, et put bientôt s'inscrire dans nos lois.

La France était monarchique : les idées anglaises et hollandaises nous firent tour-à-tour parlementaires, républicains, constitutionnels.

Dans les choses les plus légères comme dans les plus importantes, nous trouvons la Hollande et l'Angleterre.

La France avait ses modes qu'elle imposait à l'Europe ;

los modes anglaises et hollandaises détrônèrent en France les modes françaises. A l'élégance variée, somptueuse, fut substituée la confortabilité uniforme, austère. L'habit de soie fut remplacé par l'habit de drap ; le chapeau à plumes par le chapeau rond, les culottes de cérémonie, les bas de soie, les souliers à boucles, par les pantalons et les demi-bottes.

Il y eut également une invasion barbare dans notre littérature classique ; notre tactique militaire même fut changée.

Enfin, il fut un moment où, grâce à la philosophie voltairienne qui n'a jamais montré de patriotisme ; grâce aux adeptes de l'Encyclopédie qui n'ont jamais conçu le sentiment national, il n'y eut plus rien de bon en France ; l'étranger seul dut nous fournir des modèles. C'est ains que la France devint anglaise et hollandaise.

Cet engouement anti-national, Louis XVI le combattit avec autant de raison que d'esprit.

— D'où venez-vous, disait-il à M. de Laurageais ?

— D'Angleterre, Sire.

— Qu'y avez-vous été faire ?

— Apprendre à penser.

— A panser les chevaux, disait le roi ? et il lui tournait le dos.

Un peintre philosophe revenait de cette terre modèle.

— J'y ai été, disait-il très haut, étudier la marine.

— Mais n'avons-nous pas en France, fit spirituellement Louis XVI, les marines de Vernet ?

En somme, Louis XVI n'était pas un roi, car il n'avait ni la volonté, ni l'énergie nécessaires. Mais il était bon Français, et il le prouvait par son langage, par son cœur et par ses actes.

A son exemple , gardons notre fierté , et soyons vraiment Français, non à la façon de ceux qui disent : un Français vaut dix Anglais et vingt Allemands, mais à l'instar de ceux qui pensent que nos institutions empruntent à l'esprit national des perfectionnements particuliers, et que nous apposons à tous nos établissements une empreinte de moralité et un cachet d'intelligence qui marquent la loi du progrès.

Prenons à l'étranger ses idées , ses innovations ; mais, en les portant dans la patrie, en les appliquant sur la terre de France, donnons-leur un degré supérieur de perfection , rendons-les françaises ! C'est dans cette disposition d'esprit que j'allai visiter les colonies agricoles d·Bas.

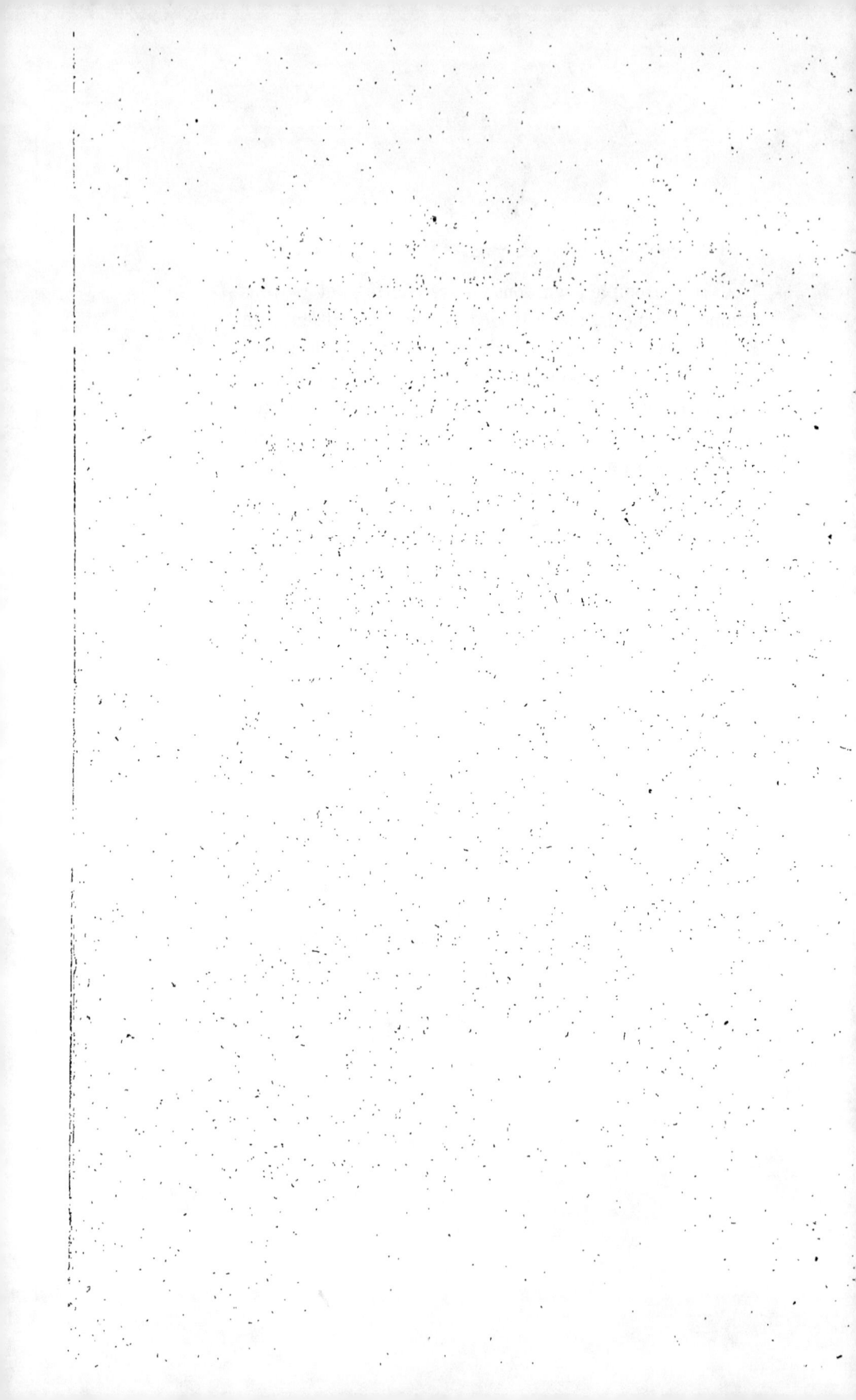

APERÇUS THÉORIQUES

ET STATISTIQUES.

Quelle est l'origine et quel est le développement, quel est le mécanisme et quelle est la situation des colonies agricoles des Pays-Bas ?

Quelques mots suffiront pour l'exposer.

Le général du génie Vandenbosch avait étudié et approfondi l'agriculture, dans un séjour prolongé à l'île de Java.

De retour en Europe, il conçut l'idée d'appliquer au défrichement des landes, à leur culture, à leur amélioration, les hommes sans travail, sans domicile et sans moralité qui abondent en Hollande, comme dans toutes les nations européennes. Ses connaissances agricoles, la puissance de tant de bras réunis et disciplinés garantissaient le succès de l'entreprise; le travail et l'instruction devaient moraliser les âmes ; un régime à la fois sain et régulier , fortifier et entretenir la santé ; les relations et les comptes des colons avec l'administration, développer l'esprit d'ordre, de prévoyance et d'économie.

Dans un Etat puissant et centralisé , le gouvernement entreprend et réalise ces grands projets. Il se met à la tête de l'assistance publique.

Chez les peuples moins nombreux et moins riches, les associations se forment et deviennent des puissances charitables.

Il en fut ainsi dans les Pays-Bas : une Société de bienfaisance se forma et adopta le plan du général.

Rien de plus simple que ses statuts. L'article 1er porte : Chaque habitant des Pays-Bas peut être membre de la Société de bienfaisance.

Chaque membre (art. 5) doit payer une contribution de 2 florins 60 cents de Hollande (6 fr. 12 cent. de France) par année ; toutes les autres contributions sont volontaires.

Le chapitre II fait connaître le but de la Société.

Il s'agit d'améliorer l'état des indigents et des mendiants , en leur procurant du travail , en les éclairant sur leurs devoirs, en les arrachant à l'état de bassesse et de dépravation auquel ils se trouvent généralement abandonnés.

L'assistance à donner aux pauvres, dit l'article 10, sera exclusivement la récompense de leurs travaux, et on ne tâchera jamais d'atteindre ce but par l'aumône qui favorise l'oisiveté.

Le chapitre III règle la constitution de la Société et soumet à l'élection deux commissions : l'une de bienfaisance et l'autre de surveillance. A la première appartient l'administration, à la seconde est dévolue la révision de tous les comptes. Telle est l'organisation de cette Société, dont la devise comme le nom est *bienfaisance*.

Bientôt des règlements intervinrent et fixèrent les conditions auxquelles seraient admis aux colonies les familles indigentes, les enfants pauvres, orphelins, trouvés ou abandonnés.

Voici les principales dispositions :

Un particulier, une association, une commune, un corps militaire, qui fournit en une seule fois ou par annuités une somme de 1,700 florins, acquiert, à perpétuité, le droit de placer à la colonie une famille indigente composée de huit personnes.

On obtient encore l'établissement d'une famille indigente, en s'engageant par contrat à payer pour elle pendant seize ans 23 florins, annuellement et par tête.

Si on ne place qu'un individu valide et âgé de plus de six ans, il sera payé une somme de 55 florins.

Postérieurement, il fut décrété qu'on pourrait recevoir :

1° Un mendiant seul, à raison de 35 florins par an ;

2° Un ménage, à raison de 22 florins 50 cents ;

3° Un enfant trouvé ou abandonné, âgé de plus de six ans, à raison de 45 florins par an. Si le traité s'étendait à huit enfants, il serait reçu en outre trois mendiants gratis.

Ces prix furent successivement modifiés, car il fallut proportionner la rétribution au degré plus ou moins grand de validité ou d'invalidité des personnes admises. Néanmoins, les conditions restèrent toujours fort douces ; en voici la preuve. La fondation d'un lit à l'hospice des Incurables de Paris, coûte 8,000 fr., et aux colonies des Pays-Bas, 10,661 fr. suffisent pour faire entretenir à perpétuité

vingt-quatre personnes. Dans les prix fixés sont compris
les frais d'entretien et de premier établissement, et tel est
le motif qui a fait stipuler des engagements pour une pé-
riode de seize ans.

La Société générale de bienfaisance s'était formée et or-
ganisée en 1818; la même année, elle fonda la colonie libre de Frédérick's-Oord. En 1822, elle créa la colonie for-
cée d'Ommerschans. En 1823, elle organisa trois colonies
à Veenhuisen, et songea à établir l'Institut agricole de
Wateren pour les orphelins.

Et maintenant, si nous voulons apprécier l'état actuel
des colonies, reportons-nous au dernier compte-rendu de
la Société générale, et cherchons à le résumer.

POPULATION :

La population totale, au 1er janvier 1847, était de
11,301 personnes, et au 31 décembre de 11,793. Augmentation 492. Le mouvement annuel embrassait 231 arrivées,
60 naissances, 80 libérations, 158 déplacements, 47 déser-
tions.

Dans les colonies de mendiants, 1,595 étaient venus vo-
lontairement ; 3,900 avaient été amenés à la suite de con-
damnations. La récidive peut être évaluée à 45 %. Enfin,
sur les 11,793 colons, 5,146 au 1er janvier, et 5,495 au
31 décembre étaient à la charge du gouvernement. Augmentation 349.

ÉTAT SANITAIRE ET MORTALITÉ.

Les maladies peuvent se classer de la manière suivante :

Maladies gastriques	387
Maladies catarrhales ou rhumatismales . . .	1,944
Fièvres intermittentes	1,038

Fièvres inflammatoires. 325

Petite vérole 131

Rougeole 475

Maladies de langueur 1,398

Maladies chirurgicales 413

Maladies des yeux. 491

Maladies de peau 1,783

Accouchements. 64

A Veenhuisen, il n'y a pas eu moins de 42,023 ordon-nances.

Voilà quant à l'état sanitaire ; voici quant à la mortalité.

Sur 5,342 colons qui peuplent les colonies de men-diants, ou comptait, en 1847, 910 morts. C'est 1 sur 5 85/100. Enfin la population de toutes les colonies, évaluée à 10,858 personnes, a éprouvé 1,134 décès.

AGRICULTURE.

Le cheptel se composait, au 31 décembre 1847, de

116 chevaux ;

998 vaches ;

9 veaux ;

1,988 moutons.

La culture embrassait 2,989 hectares de terres, savoir :

1,604 pour les grains ;

260 pour les prairies artificielles ;

40 pour légumes ;

48 pour le foin naturel ;

471 en prairies pour pâturages ;

514 pour la culture du genêt ;

52 affermés à de libres cultivateurs.
_____

2,989

Les produits étaient :

15,910 hectolitres de seigle ;
87,183   —   de pommes de terre ;
1,801   —   de sarrasin ;
2,864   —   d'avoine ;
1,134   —   d'orge ;
896 milliers de foin artificiel ;
51   —   de foin naturel ;
18,220 bottes de pailles diverses ;
14,096 florins de légumes et graines ;
41,796   —   en lait et beurre ;
7,696   —   de la vente des bestiaux ;
850   —   de la vente du bois.

Il faut remarquer qu'il n'y a pas dans les colonies d'endroits propres à cultiver les bois en forêts. Le chauffage se fait à la tourbe, qui est assez bonne à Ommerchans, Veenhuisen, Wateren, et paraît d'une qualité supérieure à Frédérik's-Oord.

On plante chaque année 100,000 sujets à raison de 1 fr. 50 c. le mille. Ils valent, après deux ans, 6 fr. le mille, et sont transplantés de façon à n'apporter ni trop d'ombrage aux grains, ni trop d'obstacles à la surveillance.

En ce moment, on compte dans les champs de la colonie :

3,000 chênes ;
2,000 peupliers ;
5,000 arbres divers.

FABRICATION.

Ce qui se fabrique aux colonies peut se diviser en deux parties : ce qui est destiné à l'usage intérieur, ce qui doit être vendu.

En 1847, les besoins de la colonie ont exigé :

41,655 aunes de gros drap pour vêtements d'hommes et de femmes ;

20,085 — de toile grise pour oreillers, traversins, sacs à grains ;

5,537 — de toile pour hamacs ;

8,050 — d'indiennes pour tabliers et rideaux ;

3,690 — de flanelle pour jupons ;

6,449 — de couvertures de coton ;

1,010 — de couvertures de laine ;

16,587 — fichus rouges ou bleus.

On a fait, en outre, tous les objets de forge, serrurerie, charronnage, menuiserie, sabotterie, corderie, etc.

En 1847, le commerce a demandé aux fabriques des colonies :

26,335 pièces d'indienne ;

5,715 — de cotonnade pour chemises ;

2,183 — de cotonnade pour traversins ;

877 — de cotonnade pour draps de lit ;

1,989 — de calicot.

On aurait pu assurément fabriquer davantage, car les commandes n'ont exigé qu'un travail de huit mois. On a dû employer pendant le reste de l'année les ouvriers inoccupés à sarcler et à ramasser les pommes de terre.

SITUATION FINANCIÈRE.

Le budget, qui est le dernier mot des sociétés privées comme des Etats, se formulait de la sorte pour l'exercice 1846 :

Recette. . . . . 3,167,358 flor. 12 cens.

Dépenses (y compris les inté-
rêts des emprunts) . . . . 3,158,728 flor. 9 1/2

Excédant   8,630   2 1/2

Ainsi, il y a excédant sur les revenus, et quant aux ca-
pitaux prêtés et aux sommes engagées dans l'entreprise,
ils ont une hypothèque assurée dans le territoire des colonies, dont l'arpent a été acheté sur le pied de 60 florins,
et qui, par les défrichements, les dessèchements, les assai-
nissements, les soins laborieux et intelligents, vaut aujour-
d'hui 300 florins.

RÉSUMÉ :

Nous résumerons les idées que nous nous sommes faites
des colonies de bienfaisance, en rappelant ces deux principes.

Le premier, qu'il ne suffit pas de secourir temporaire-
ment les pauvres, qu'il faut encore améliorer d'une manière durable leur condition morale et physique.

Le deuxième, que les établissements construits, et les
terres mises en culture, les pauvres doivent pourvoir par
leur travail aux dépenses de leur entretien.

Parcourons maintenant les divers établissements répan-
dus dans les provinces de Drenthe, de Frise et d'Over-
Yssel, et examinons si ces deux conditions fondamentales
sont remplies.

COLONIE FORCÉE D'OMMERSCHANS.

La colonie d'Ommerschans est située dans la province d'Over-Yssel. Pour y arriver, on traverse un pays maigre, plat, offrant tour à tour des landes couvertes de bruyères et d'immenses flaques d'eau stagnante. La partie la plus désolée de la Sologne peut seule être comparée à cette triste région. Cependant, dès que l'œil aperçoit les champs de la colonie, la scène change. Les défrichements ont fait disparaître la bruyère, les eaux s'écoulent par des saignées dans des rigoles, par des rigoles dans des fossés, par des fossés dans des canaux, se versant dans des rivières qui se rendent à l'Océan. Le terrain cultivé avec soin, fumé abondamment, s'est amélioré; il produit de belles récoltes. Enfin, des routes bien tracées, bien plantées, rayonnent autour de l'établissement central.

Là apparaissent quatre lignes de constructions en rez-de-chaussée, un canal les entoure; deux ponts-levis et deux portes militairement gardées, protègent l'entrée et la sortie. Au milieu est une cour immense; une allée la traverse, et revêtue de deux fortes cloisons, elle sépare l'espace et les bâtiments en deux parties égales, dont l'une est affectée aux hommes et d'autre aux femmes.

Chaque division présente dans ses rez-de-chaussées de vastes salles; chaque salle contient soixante à quatre-vingts colons qui y mangent et y couchent; leur lit se compose d'un matelas et d'un oreiller remplis de paille hachée, de deux couvertures et d'un drap. Le tout est retenu dans un hamac en toile, dont une des extrémités est fixée au

2

mur à demeure, et dont l'autre, au moyen d'une poulie,
se détache et s'étend à volonté. Ce système est défectueux,
à cause du balancement que produit la partie mobile du
hamac ; il est vicieux en ce que toutes les têtes sont placées du même côté et peuvent ainsi faciliter des relations
qu'on ne saurait trop éviter dans les grandes agglomérations
d'hommes ou de femmes. Les repas se prennent aussi dans
ces salles, et à cet effet on est obligé d'apporter des tables
du dehors. Combien est plus simple et plus commode le
système introduit maintenant en France ? Une ligne de
poteaux sépare la salle et devient un point d'appui qui
sert à fixer, si on veut un lit, l'extrémité du hamac déta-
ché du mur, à supporter une planche, si on veut une table
pour écrire ou manger. Du reste, ces salles qui servent
tour-à-tour de dortoirs, de réfectoirs et de promenoirs,
m'ont paru réunir, et pour les hommes et pour les femmes, des conditions suffisantes d'air, d'espace et de salu-
brité. C'est que plus que personne, je repousse l'affectation
des palais aux indigents et l'application aux nécessiteux
d'une confortabilité fastueuse, ainsi que cela se remarque
dans certains établissements. Tout cela est inventé par la
vanité inconséquente pour amuser les yeux des visiteurs
irréfléchis.

Il faut que le pauvre qui n'a pas pu pourvoir à son existence, soit par sa force, soit par son intelligence et qui a
dû se réfugier dans une maison de bienfaisance, ne trouve
ni un logement ni une nourriture supérieurs à la nourriture et au logement de l'ouvrier que son bras et sa bonne
volonté ont conservé honnête et libre, car, en toutes circonstances, honneur au travailleur indépendant ! Ces rez-
de-chaussées sont donc convenables et cela suffit. Il n'en
est pas de même des combles qu'on affecte, en général,

aux ateliers de fabrication. Rien de moins aéré, de moins éclairé, de moins sain.

On ne saurait s'expliquer l'affectation de tels locaux aux travaux des colons, qu'en songeant à l'accroissement successif de la population qui a forcé à tout utiliser. Sans doute, dans l'origine, les rez-de-chaussées étaient destinés aux logements des colons et les greniers servaient de magasins ; telle a dû être la pensée de l'architecte qui a donné le plan de l'édifice et l'a élevé en 1822 dans la colonie d'Ommerschans, et en 1822 dans les trois colonies de Veenhuisen. Dans ces derniers établissements même, plusieurs des combles servent de dortoirs et de réfectoirs. Toutes les infirmeries s'y trouvent également. Cela est déplorable, car un air qui est défavorable à la santé d'hommes sains et robustes, doit influer d'une manière fâcheuse sur l'existence de sujets maladifs et faibles.

A Ommerschans, l'infirmerie n'est pas placée dans les greniers, elle est établie dans un bâtiment particulier ; mais à Ommerschans comme à Veenhuizen, les nfirmeries sont mal tenues, mal surveillées, mal dirigées.

Les médecins semblent inférieurs à leur mission, et cela se comprend ; ils ne sont pas assez rétribués. Quand un gouvernement ou une société veut s'attacher un sujet capable, dans quelque profession que ce soit, il doit le rémunérer suivant sa capacité.

En dehors du quadrilatère central, mais y tenant pour ainsi dire, il y a dans l'établissement d'Ommerschans plusieurs bâtiments extérieurs. De ce nombre est d'abord l'infirmerie dont nous venons de parler, puis un vaste atelier récemment construit. Il y a ensuite une série de chambres occupées chacune par un ménage de vétérans. Aux limites des colonies, apparaissent quelques maisons habitées par les gardes champêtres dont la vigilance s'exerce à empêcher les évasions. Enfin, aux divers points du territoire, se trouvent vingt et une fermes répandues çà et là dans la campagne.

Chacune d'elles a un bâtiment qui contient le logement du chef d'exploitation et de sa famille, une étable pour les vaches, une écurie pour les chevaux et un petit emplacement pour battre le blé avec une sorte de bâtons recourbés dont se servaient sans doute, avant l'invention des arts utiles, les fils de Noé.

Comment n'a-t-on pas une machine à battre qui servirait à la colonie entière?

La colonie, en effet, est considérable. Elle comprend 800 hectares. 200 sont cultivés en pâturages ; 200 en seigle; 100 en avoine; 100 en légumes divers ; 100 sont en labours ; 60 servent à prendre de la terre qui est répandue chaque jour sous les vaches qui la détrempent de leurs urines et l'engraissent de leurs déjections ; 40 produisent des genêts qui sont un engrais particulier au pays.

Cette culture procure annuellement 5,000 hectolitres de seigle, 1,500 d'avoine, 1,300 d'orge, 15,000 hectolitres de pommes de terre, 600 de carottes, 60,000 kilogrammes de choux, 400 hectolitres de blé noir, 200,000 kilogrammes de foin. Dans chaque métairie, d'une étendue d'environ 33 hectares, il y a un chef d'exploitation résidant et responsable, qui dirige les colons. Ce préposé doit donner, par chaque vache, 67 kilogrammes et demi de beurre ; il est comptable de ce qu'il apporte en moins, et on lui paie ce qu'il fournit en plus, à raison de 60 cent. par kilogr. ; d'autre part, il doit fournir tant de gerbes de blé et tant de bottes de foin par hectare.

Quant au cheptel, la colonie d'Ommerschans possède 38 chevaux, 240 vaches; 21 taureaux, 160 cochons.

Avec ce bétail, on fait une quantité de fumier plus grande qu'on en ferait partout ailleurs. Deux systèmes d'écurie sont adoptés à cet effet. Le premier consiste à donner aux vaches un emplacement restreint. Leurs pieds de derrière touchent, pour ainsi dire, un conduit en briques de 70 centimètres de large sur 40 de profondeur. Ce conduit, qui est découvert, reçoit leurs excréments et leurs urines, et la pente conduit le tout à des réservoirs nommés purins, dans lesquels chaque semaine on solidifie avec de la terre cet engrais liquide.

Le second, ainsi que je l'ai dit précédemment, consiste à mettre chaque jour sous les pieds des vaches trois pouces de terre. A cet effet, la chaîne qui attache la tête de la vache se termine par un anneau qui entoure un poteau et descend ou s'élève au fur et à mesure que le terrain sur lequel est placée la vache, et que l'on n'enlève que tous les huit jours, est plus bas ou plus élevé. Puis la fumure par le genêt qu'on enfouit dans la terre et qui fertilise le sol pendant deux ans, tient lieu d'une masse considérable d'engrais. Enfin le curage des fossés, les roseaux, le mucilage et les bourbes des canaux servent encore à améliorer la terre en étant directement déposés dans les champs.

Voilà pour la culture ; voici maintenant pour la fabrication.

Outre les ateliers d'objets nécessaires à la colonie, tels que les ateliers de boulangerie, de menuiserie, de charronage, d'instruments d'agriculture, de serrurerie, de taillanderie, de sabotterie, il y a 1° une fabrique de tissage pour les sacs destinés à rapporter le café de Java. La matière première est une sorte de chanvre des Indes Orientales; 2° une fabrique d'étoffe en coton pour fichus et cravates ; 3° une fabrique de grosse flanelle rouge pour jupons. Ces jupons, ces fichus et ces cravates sont à l'usage des colonies de bienfaisance.

Maintenant, sachons quels sont les laboureurs de ces fermes, les ouvriers de ces fabriques ? quelle cause les conduit à la colonie ? comment ils y sont traités ? quel est leur régime alimentaire? quelle discipline les régit? quels avantages privés et publics procurent les colonies? quel est le résultat financier de l'institution ?

La mendicité est défendue dans les Pays-Bas. Tout individu surpris par un agent de police à demander l'aumône est envoyé à Ommerchans ou à Veenhuizen. S'il est né dans le lieu de son arrestation et qu'il y habite depuis quatre ans ; s'il est étranger, mais qu'il soit établi depuis six ans, la commune est responsable. La rétribution exigée est de 75 florins pour chaque invalide, de 50 pour chaque demi-invalide, de 35 pour chaque valide.

A son arrivée dans la colonie, le mendiant est présenté au directeur qui l'inscrit sur un registre indiquant le numéro d'arrivée, les nom et prénoms, la date de naissance, la religion, la date d'arrivée, le lieu où l'individu a été saisi, le signalement, le nom de la commune qui doit payer. Une dernière colonne est destinée à recevoir des notes générales sur la conduite du colon et les évènements ultérieurs de sa vie. On doit signaler s'il est mort dans l'établissement, s'il est sorti après avoir fini son temps, s'il a été transféré dans un autre dépôt, s'il a déserté, s'il a été repris, s'il n'a plus reparu.

Cette formalité d'inscription accomplie, le colon a les cheveux coupés, il est baigné et habillé, et il commence es travaux et le régime commun.

Ce régime, quel est-il, et quels sont ces travaux ?

La nourriture m'a semblé convenable. Elle se compose d'une livre de pain formé de deux tiers de pommes de terre et d'un tiers de seigle ; d'un litre de légumes divers ; de deux litres de pommes de terre ; enfin de vingt grammes de viande. Le vendredi, quinze grammes de beurre sont distribués à chacun, et du café est donné aux catholiques.

Cette nourriture ne pourrait suffire. Aussi ai-je voulu savoir le mouvement annuel de la cantine pour connaître ce que les colons y ajoutaient. Voici le tableau des achats faits en 1847.

OBJETS.	MESURES.	TRIMESTRES.			
		1er	2e	3e	4e
Sel	Livres . .	5200	4450	5700	5600
Café.	»	600	1800	1600	1300
Sirop	»	195	450	500	400
Sucre	»	590	740	745	675
Riz	»	200	295	460	450
Thé.	»	2	4	3	3
Poivre.	»	30	10	30	30
Savon blanc. . .	»	20	16	16	16
Huile douce. . .	Litre . .	4	4	8	8
Chicorée.	Livres . .	1200	900	1900	1900
Harengs	Tonneaux.	12	12	10	10
Chocolat	Livres . .	5	5	5	5
Huile de baleine .	Litres . .	575	570	560	500
Fromage	Livres . .	1000	1100	300	300
Tabac à fumer. .	id.	1000	600	1350	1350
Tabac en poudre.	id.	80	35	60	50
Pipes	»	4	2	2	2
Lard	Livres . .	100	1000	400	400

Une partie du salaire distribué chaque jour aux colons est destiné et en général employé à acheter les objets ci-dessus désignés.

Chaque individu se lève à cinq heures 1/4 en été. Il a trois quarts d'heure pour s'habiller, se laver et déjeûner. De six heures à onze heures et demie, il va travailler aux champs ou dans les ateliers ; de onze heures et demie à une heure, il revient, dîne et se repose ; de une heure à six heures un quart, il retourne travailler aux champs ou dans les ateliers ; à sept heures l'appel a lieu ; jusqu'à huit heures et demie, le colon se repose, puis il doit se coucher.

Quant aux peines disciplinaires, elles sont ainsi réglées : Refus d'obéir, trois ou huit jours de prison ; désertion, de un à dix jours de prison pour la première fois ; de dix à quinze pour la seconde ; quinze jours s'il a résisté aux surveillants de frontière, et en outre jusqu'à quarante coups de bâton ; pour la troisième tentative d'évasion, quinze jours et quarante coups de bâton. Depuis longtemps le châtiment corporel en usage dans le nord devrait être supprimé.

Pendant son emprisonnement, le condamné reçoit seulement de l'eau et deux livres de pain, de deux jours l'un. Après avoir subi sa peine, il revêt un habit à raies noires et blanches, qu'il doit garder trois mois.

Vol : Trois à quinze jours de prison, reddition de l'objet et paiement de deux fois la valeur.

Attentat contre les mœurs : Un à huit jours de prison.

Le vol est rare. Les relations d'un sexe à un autre ne sont pas multipliées. La désertion est assez fréquente, mais n'a jamais lieu que de la part des hommes. L'obéissance est générale ; elle tient à la fois à la douceur du commandement et à la facilité de la discipline.

Le service entier de surveillance est exercé par des hommes. Les portiers de l'établissement, les gardiens des frontières, les agents de police, les chefs d'ateliers, les préposés aux salles, aux infirmeries, aux écoles, sont tous des hommes, même pour les quartiers des femmes. Cela n'a-t-il aucun inconvénient? Les Hollandais le disent. Je ne saurais le croire ; mais je penserais volontiers que cette mesure peut être moins funeste en Hollande que partout ailleurs.

Le personnel de l'administration de la colonie n'est pas considérable. Nous allons indiquer les employés, leurs fonctions, leurs traitements.

Il y a, pour l'intérieur :

1 Directeur en chef	1200 fl. »	par an.
1 Sous–Directeur	500	»
1 Médecin	700	»
1 Teneur de livres.	7	» par semaine.
1 Maître d'école.	8 71	
1 Sous–Maître	3	»
1 Maître de boutique	7	»
1 Maître de magasin	6	»
1 Maître des fabriques	8	»
1 Sous–Maître	2	»
1 Maréchal-ferrant.	7	»
1 Maître sabotier.	6	»
1 Boulanger	5	»
1 Surveillant en chef.	3 20	
1 Surveillant adjoint.	3	»
1 Apothicaire.	3	»
1 Blanchisseuse en chef. . . .	2 50	
7 Surveillants de salles. . . .	5 20	

Pour l'extérieur :

1 Sous-Directeur	500	» par an.
1 Teneur de livres.	6	» par semaine.
4 Maîtres de section	5	3/4
1 Laboureur à demeure.. . . .	4	3/4
32 Surveillants et gardiens, dont		
9 militaires et 23 de la co-		
lonie.	2	50

Chaque employé a en sus le logement et un petit jardin.

La population d'Ommerschans était de 2,246 âmes au 4 novembre 1848. Elle se composait d'un tiers de valides et de deux tiers d'invalides. La mortalité est d'environ 80 décès par an. Le chiffre des maladies atteint 1,200. Les fièvres intermittentes et les fluxions de poitrines ont les principales.

Il y a eu en 1847 34 accouchements.

Au moment de ma visite, il y avait de 50 à 60 enfants des deux sexes, dans un quartier spécial qui m'a paru propre et bien tenu. Dès que ces enfants ont cinq à six ans, on les dirige sur la première colonie de Veenhuizen, dite des Orphelins.

En général, la santé paraît assez bonne ; mais il y a une différence frappante entre l'aspect des hommes et celui des femmes. Les hommes ont le teint jaune, terreux ; ils sont chétifs, épuisés. Les femmes, au contraire, sont en général plus fortes et plus robustes. Peut-être la cause en est-elle dans les excès qui ont moins fatigué les femmes que les hommes ! Peut-être le costume y contribue-t-il aussi ! Les femmes portent un bonnet blanc, un justaucorps rouge, une jupe blanche et un fichu à carreaux rouges. Les hommes ont l'habit brun, le collet vert, la

casquette brune et un pantalon de dessus blanc. Les surveillants militaires portent la redingote, le pantalon et la
casquette de drap bleu à bandes rouges, le fusil et le sabre ; les surveillants civils n'ont que le sabre et le vête-
ment bleu.

Nous avons à énumérer encore quels travaux les colons
exécutent. Ils sont employés à la culture des champs ou
aux ouvrages de fabrication, suivant leur spécialité ou
leur aptitude.Pour ces travaux, ils reçoivent 50 cents par
jour et doivent gagner 3 florins par semaine. Voici l'économie de cette paie :

10 c. sont affectés à chacun, d'une manière invariable.
C'est une rétribution commune et universelle.

23 c. sont destinés à l'entretien des vêtements.

28 c. sont réservés pour dépenses personnelles.

14 c. forment l'épargne remise à la Société.

Ces prélèvements faits, il reste à la Société générale
2 florins 25 cents par semaine ; avec cette rétribution, elle
doit pourvoir à tout. Si elle est en perte, elle la supporte ;
si elle a quelque bénéfice, elle en profite. Le gain, néanmoins, n'est jamais considérable, il diminue de jour en
jour, et cela tient à ce que le nombre des invalides envoyés aux colonies augmente de plus en plus. Aussi le
gouvernement cherche-t-il à venir en aide à la Société générale, soit par des subventions en argent, soit par des
commandes industrielles. Depuis quelques années, il con-
fie aux colonies la fourniture des sacs à café, nécessaires à
Java. La livraison a été de 500,000 sacs en 1847.

Ici, se présente cette grande question de la simultanéité
du travail agricole et manufacturier dans les établissements publics. Examinons cette question.

Un gouvernement civilisé doit encourager également

l'agriculture et l'industrie. Ce sont les deux bases de la prospérité publique. L'industrie fait la richesse monétaire d'une nation, l'agriculture en assure l'aisance matérielle.

S'il est vrai que la consommation en vivres ne soit guères, pour les classes riches, que le vingtième de la consommation générale, et que les dix-neuf autres vingtièmes s'appliquent aux classes laborieuses, on peut dire que plus on encourage l'agriculture, plus on est utile à tous, au peuple surtout.

En effet, l'encouragement donné à l'agriculture assure son développement ; ce développement multiplie ses produits ; la multiplication des produits agricoles amène la diminution des prix, et en même temps que les masses trouvent, dans l'abaissement du prix des denrées alimentaires, une amélioration à leur sort, le propriétaire recueille la juste récompense de ses efforts dans l'augmentation de ses récoltes.

Ces idées ont sans doute conduit les philanthropes hollandais, à introduire dans leurs colonies l'élément agricole qui, bien à tort, à mon avis, manque au travail des établissements français.

D'autre part, il faut l'avouer, les mœurs, les lois et lés idées républicaines qui, de nos jours, envahissent l'Europe, entraînent avec elles un appauvrissement et un malaise qu'on ne saurait nier, une inquiétude et une économie qui en sont les conséquences ; elles tendent à diminuer le luxe, à restreindre le superflu, à diminuer les ressources de l'industrie.

Dans ces circonstances, je le demande, est-il convenable, est-il politique, est-il juste que les classes laborieuses trouvent une concurrence dans le travail des prisonniers, des condamnés, des colons ? S'il y a encombrement des produits nationaux, pourquoi l'augmenter ? S'il y a vileté de prix, pourquoi l'exagérer ?

Les produits agricoles n'ont pas ces inconvénients particuliers aux produits manufacturiers. Pour eux, il n'y a jamais d'encombrements, il n'y a jamais de vileté de prix de longue durée.

Quant à moi, je déplore le système français, qui n'admet, pour ainsi dire, dans ses établissements, d'autre travail que le travail manufacturier, et je blâme la Société de bienfaisance hollandaise qui a pris l'initiative du travail agricole, de maintenir parallèlement le travail industriel.

COLONIES LIBRES
DE FRÉDÉRICK'S-OORD, WILHEMINA'S-OORD
ET WILHEM'S-OORD.

La première colonie agricole que fonda la Société de bienfaisance du royaume des Pays-Bas est Frédérick's-Oord.

Elle est destinée à recevoir les familles indigentes et honnêtes qui s'y rendent librement, et y sont placées en vertu de contrats.

' Le prix stipulé est 1,700 florins (3,587 fr.), somme représentative des dépenses suivantes :

Construction de la maison.	500 florins.
Meubles et instruments aratoires.	100
Vêtements	150
Mise en valeur des terres et semailles. . .	400
Avances diverses.	400
Lin et laine à filer et tisser	200
Achat des trois hectares de terre.	100
TOTAL.	1,700

Moyennant ce capital, payé en seize ans, une famille, composée du père, de la mère et six enfants, est admise dans la colonie.

En cas de décès ou de sortie, les contractants ont le droit de présenter des remplaçants en payant seulement un trousseau d'admission de 31 florins, 65 cents.

Créé en 1818, dans la province de Drenthe, sur la terre inculte de Westerbeesloot, cet établissement compte trois colonies libres qui ont reçu le nom de Frédérick's-Oord, Wilhemina's-Oord, Wilhems'-Oord.

L'étendue actuelle est de 1,200 hectares. La population est de 2,500 colons.

Il y a :

Hommes	1261
Femmes	1239
Hommes mariés	359
Femmes mariées.	359
Garçons	905
Filles	877
Garçons au-dessus de douze ans . . .	549
— au-dessous de douze ans. . .	356
Filles au-dessus de douze ans	484
— au-dessous de douze ans. . . .	393

Au point de vue religieux, on compte :

Protestants.	1825
Catholiques.	557
Juifs	118

Nous avons dit qu'il y a trois colonies à Frédérick's-Oord. Chaque colonie a trois quartiers qui comprennent chacun trois sections qui réunissent un certain nombre de métairies.

Dans l'origine, on avait créé beaucoup de fermes et on

en avait affecté une à chaque ménage. On a dû y renon-
cer. Ce système exigeait un nombre de bras que les
familles ne pouvaient fournir, une connaissance de culture
inconnue aux ouvriers des villes, une responsabilité et une
prévoyance que ces intelligences incultes ne pouvaient ni
assumer ni exercer.

Cependant, les fermes isolées étaient construites. Que
faire ? On continua à envoyer une famille dans chacune
d'elles ; mais l'habitation seule fut personnelle ; la responsabilité de la ferme n'exista pas et la culture s'effectua en
commun, sous la direction d'un employé et pour le compte
de la Société générale. En ce moment, il n'y a que vingt-
cinq fermes louées à prix d'argent. La redevance est de
50 florins. Ainsi, les colons responsables sont en petit
nombre. Les autres, hommes, femmes, garçons et filles
travaillent comme ouvriers, aux champs ou dans les fabriques.

Dans les trois colonies, il y a cinq ateliers de tissage,
pouvant contenir une agglomération de 200 ouvriers. Il
y a, en outre 200 ouvriers qui travaillent individuellement
dans les maisons, et fabriquent en général des tissus de
coton. Les autres colons qui travaillent aux champs, cul-
tivent la terre et font les récoltes. Ils sont tous à la tâche,
de même que les ouvriers des manufactures sont à la pièce,
en ateliers comme en chambres.

Chaque ferme réunit :

1° Un bâtiment qui contient une ou deux pièces destinées à l'habitation ; une étable ; enfin un emplacement
pour ranger les pommes de terre, faire le beurre et pré-
parer la nourriture du bétail ;

2° Une vache ;

3° Trois hectares de terres qui sont divisées de la sorte :

90 en seigle ;

60 en pommes de terre ;

60 en genêt ;

60 en plantes fourragères ;

30 en jardins.

Dans cette culture, on doit récolter 16 hectolitres de seigle à 5 florins ; 144 hectolitres de pommes de terre à 1 florin ; 2,400 kilogrammes de foin. Le produit du jardinage est évalué à 15 florins ; chaque vache rapporte 60 florins de lait ou de beurre et 30,000 kilogrammes d'engrais. Enfin, le genêt sert à fumer deux ans la quantité ensemencée. Cette propriété fécondante du genêt exige quelques détails sur sa culture.

Dans un hectare, on sème le seigle et le genêt ensemble. La première année, on récolte le seigle ; la seconde, la graine du genêt ; puis on enterre la tige par un bon labourage, et la terre se trouve fumée suffisamment pour deux ans. Néanmoins, il est d'usage d'ajouter une légère fumure d'un engrais quelconque.

Chaque travailleur a une rétribution qui lui est soldée, partie en monnaie conventionnelle, partie en aliments. Un compte courant lui est ouvert à cet effet, et un livret lui est délivré. Cela est nécessaire, car les comptes sont multipliés et variés. En voici le détail :

Chaque colon qui a plus de 18 ans gagne 1 florin par semaine, et il reçoit, au-dessus de 15 ans :

3 kilogr. de pain par tête, par semaine,
à 7 c. le kilogr. . . . . » 21

18 litres de pommes de terre, à 1 c. le litre. » 18

24 retenus pour entretien. . . . . » 24

37 pour la boutique, sel, café. . . . . . . » 37

Nombre égal. . . . . . . 1 flor.

De 10 à 15 ans, il gagne 93 c. 1/2 par semaine, sur lesquels il dépense :

37   pour la boutique ;
24   pour entretien ;
17 1/2 pour le pain ;
15   pour pommes de terre.
_____
93 1/2

De 5 à 10 ans, il gagne 87 c. par semaine, sur lesquels il dépense :

37   pour la boutique ;
24   pour entretien ;
14   pour le pain ;
12   pour pommes de terre.
_____
87

De 1 à 5 ans, il reçoit 80 c. 1/2 par semaine, sur lesquels il dépense :

37   pour la boutique ;
24   pour entretien ;
10 1/2 pour le pain ;
9   pour pommes de terre.

80 1/2

Tel est le maximum de ce que peut gagner chaque colon ; voici maintenant quel est le minimum :

CHIFFRE DU SALAIRE.	RÉPARTITION DU SALAIRE.			
	pour la boutique.	pour entretien.	pour le pain.	pour les pommes de terre.
				c.
Jusqu'à 5 ans . . . 40	8 1/2	12	10 1/2	9
— 10 — 53	11	16	14	12
— 15 — 66 1/2	14 1/2	20	17 1/2	15
L'invalide et le malade 80	17	24	21	18

3

Nous avons indiqué la moyenne des maximums et des minimums du salaire du travail obligé. En dehors du devoir strict, la bonne volonté et le savoir faire utilisent le temps et augmentent les gains hebdomadaires. Ce surplus est confié à une caisse d'épargne, et il est consolant d'apprendre que beaucoup de colons possèdent ainsi un petit pécule. Quand, avec ses économies, le colon peut rembourser les avances nécessaires, de journalier enrégimenté il devient fermier responsable et cultive une ferme à ses risques et périls.

Tous ces détails sembleraient nécessiter un nombreux personnel administratif ; il est fort restreint, toutefois.

Voici le nom, la rétribution et le nombre des fonctionnaires :

1 Directeur des trois colonies de Frédérik's-Oord. . . . . 1,200 flor.
1 Médecin 1,000
3 Sous-Directeurs, un pour chaque colonie. 500
10 Maîtres de quartiers (chacun) 300
3 Teneurs de livres (chacun) 350
6 Commis (chacun) 150
6 Préposés aux boutiques (chacun) . . . 250
7 Maîtres d'école (chacun) 375
7 Sous-Maîtres (chacun) 250

Frédérik's-Oord est, nous l'avons dit, le premier établissement colonial fondé dans les Pays-Bas. Il révèle tout ce qu'il y a d'esprit d'ordre, de calcul, d'économie, de prévoyance dans les habitudes hollandaises. Il porte aussi ce caractère néerlandais d'individualité, de famille et de ménage. Tout cela n'est pas sans avantages. Mais il dénote aussi une sorte d'inexpérience. Ainsi, on a construit une multitude de fermes petites et séparées, et on ne peut trou-

ver de familles qui réunissent les bras et l'intelligence nécessaires pour les exploiter.

On en est réduit à loger les familles séparément et à les
employer collectivement. Ne faudrait-il pas mieux avoir
un vaste corps de logis qui réunirait l'économie des mêmes
fondations et de la même toiture, qui, dans sa distribution,
présenterait des logements séparés, qui permettrait d'orga-
niser avec discipline et ensemble l'appel, le départ et le retour pour le travail, et qui pourrait avoir une seule cuisine
commune. Tels sont les progrès de la science ! Ou, si l'on
tient à avoir des maisons séparées, qu'il y ait au moins
agglomération, village.

Quant à l'aspect général, il est à remarquer que l'intérieur des fermes est admirablement tenu. Chacune se compose d'une chambre carrelée, intérieurement peinte à
l'huile, avec un poêle, une table, des armoires vernies,
des vaisselles brillantes, du café toujours prêt. Jamais
la moindre souillure sur le carrelage lavé deux fois par
jour ; jamais la moindre tache sur les meubles ; jamais le
moindre désordre dans l'arrangement de l'ameublement ;
partout une tenue régulière, soignée, confortable et honorable.

Cet aspect matériel m'a singulièrement frappé.

Une autre remarque qui ne saurait échapper, c'est la
lenteur du travailleur, l'indifférence de l'ouvrier, le calme
mélancolique des individus. Sans doute, la gravité et la
froideur hollandaises y sont pour quelque chose. Mais, si
nous pénétrons plus profondément et plus intimement,
nous trouvons la cause de cette quiétude morale sans
préoccupation, mais aussi sans ambition de l'avenir, dans
la position qui est faite au colon de Frédérick's-Oord. En

effet, quel que soit son travail, quelle que soit son apti-
tude, son gain est borné et son horizon limité.

Il peut vivre de la sorte, il ne peut devenir riche. Il ar-
rivera, jusqu'à un certain point, à améliorer son sort, il
ne parviendra jamais à le changer.

En résumé, Frédérick's-Oord n'est pas un établissement
national, c'est une institution privée ; ce n'est pas un
temple élevé à la science, c'est un asyle de bienfaisance
charitable. Des familles indigentes viennent et séjournent
dans ce refuge ; les vieux parents y vivent et y meurent ;
les enfants sont élevés, instruits, placés. Tel est le carac
tère, telle est la destination des colonies libres.

COLONIE DES ORPHELINS DE WEENHUISEN.

Il est une contrée entre la Drenthe et la Frise que les
Hollandais appellent leur Sibérie. Là, aucun arbre ne s'é-
lève, aucune végétation n'apparaît ; l'œil n'aperçoit au
loin qu'une nappe immense de bruyères.

C'est cette contrée que la Société générale de bienfaisance a choisie en 1823 pour y fonder trois nouvelles colonies.

Le génie hollandais ne recule devant aucune difficulté.
Il est habitué à les vaincre. N'a-t-il pas conquis pied à pied
son territoire sur la mer ? Ne le défend-il pas chaque jour
contre l'invasion incessante des flots ? Ne vient-il pas tout
récemment de dessécher la mer de Harlem ? Ne projette-
t-il pas en ce moment de convertir en pâturages les qua-

rante lieues d'eau salée qui se trouvent entre Campen, les
îles Fockland et Zwol ?

Mais, en principe, et pour un peuple moins patient et
possesseur d'une étendue plus considérable de terres ara-
bles que les habitants des Pays-Bas, il vaut mieux, je crois,
affecter à l'agriculture des terrains de bonne qualité. La
première mise de fonds est peut-être plus forte ; mais on
est toujours assuré du résultat.

Quoi qu'il en soit, les vastes possessions de Veenhuisen
achetées, on commença à défricher et à bâtir.

Les constructions des trois colonies sont semblables et
rappellent le système d'Ommerschans. C'est toujours, à chaque établissement central, un vaste promenoir carré que
bordent des allées latérales fermées chacune par un bâtiment. Ce bâtiment, au rez-de-chaussée, a 500 pieds de
long sur 39 de sarge. Les combles contiennent les magasins, les ateliers et les infirmeries. Le plein-pied est par-
tagé en deux parties dans la largeur. Le côté qui ouvre
sur la cour est consacré aux orphelins ou aux mendiants.
Le côté, dont les portes sont extérieures, est divisé en petites chambres destinées aux ménages et aux vétérans. Dans
la campagne sont répandues des fermes qui ont chacune
un chef d'exploitation.

La première colonie d'Ommerschans est destinée aux
orphelins; c'est d'elle dont nous allons parler d'abord.

Au moment où je fis ma visite, la population des orphelins était de 1,608, dont 798 garçons et 810 filles. Dans ce
nombre, on distinguait 394 catholiques, 1,136 protestants et 78 juifs. Il y avait, en outre, 49 ménages indigents, 20 chefs d'exploitation logés chacun dans une ferme, 21 vétérans, 95 employés, et on venait de recevoir

une escouade de 260 jeunes mendiants. Cette population extraordinaire se divisait de la sorte :

Il y avait :

	CATHOLIQUES.	PROTESTANTS.	JUIFS.
Dans les ménages	8	41	4
Dans les chefs d'exploitation	0	20	0
Dans les jeunes mendiants.	74	186	65
Dans les employés. . . .	14	11	0
Dans les vétérans	11	10	1

Cette distinction, que nous nous appliquons à faire par religion, ne doit pas surprendre. Elle est dans les mœurs, dans les lois et dans la politique hollandaises. Les lois assurent la liberté des cultes ; la séparation des coreligionnaires est inhérente aux mœurs nationales, et la politique gouvernementale cherche extérieurement à prouver et à faciliter l'indépendance religieuse de chaque citoyen. Ainsi, dans la première colonie de Veenhuizen, comme dans les deux autres, comme à Ommerschans, les religions diverses ne sont pas confondues. Les protestants, les catholiques et les juifs ont chacun leurs quartiers séparés, leurs cuisines distinctes. Leurs repas, leurs prières, leurs travaux n'ont rien de commun.

Cependant, les catholiques disent que cette impartialité légale n'exclut pas la faveur privée ; que les protestants sont privilégiés dans toutes les carrières publiques, dans la distribution des emplois, des grades, des rémunérations. C'est un levain qui fermente. Ce sera un jour une des difficultés, un des périls du gouvernement. On doit se souvenir que les catholiques ont fait la révolution belge.

Revenons à la colonie des orphelins.

Sous le nom général d'orphelins, on comprend ceux qui appartiennent à la classe des enfants trouvés, ceux qui tiennent à des familles indigentes, ceux qui ont reçu le jour dans les colonies de mendiants et qui ont été envoyés par les directeurs. Ils entrent ordinairement à la première colonie vers l'âge de 6 ans. Ils en sortent à 20 ans : beaucoup pour se placer comme domestiques, un plus grand nombre pour être soldats volontaires ; quelques-uns restent attachés aux colonies comme surveillants, comme instituteurs ou chefs d'exploitation. Ces derniers ont, en général, étudié l'agriculture à l'institut de Wateren, qui entretient 70 élèves.

Tels sont les débouchés habituels de la colonie. Du reste, l'institution, toute paternelle, s'occupe à placer les orphelins qui ont atteint l'âge de 20 ans. Mais, quand elle les a placés, elle regarde sa tâche comme terminée. Il n'en est pas de même à l'établissement de Mettray ; et, à mon sens, rien n'est touchant, moral et philanthropique comme le système français.

On cherche d'abord à placer les garçons et les filles ; puis, la sollicitude qui les a entourés dans l'établissement ne les abandonne pas dans le monde. Les conseils, les secours, le patronage ne leur manquent pas. Leur bonne ou mauvaise conduite, leur bonne ou mauvaise fortune sont connues. Plusieurs années encore après leur sortie, leurs camarades de l'établissement reçoivent publiquement de leurs nouvelles par la bouche du directeur ; ils se réjouissent du bien ; ils s'attristent des maux qui leur arrivent. Les noms de ces frères libérés restent inscrits sur un tableau publiquement apposé dans le réfectoire, et toutes les notes recueillies y sont jointes.

Je me rappellerai toujours que, pendant ma visite à Mettray, un ancien élève arriva à l'établissement. Il avait prospéré, il s'était marié, il jouissait d'une honnête aisance. Il venait revoir son institution maternelle, et en remerciant les directeurs, il était un exemple vivant de ce que peuvent le travail et la bonne conduite.

La Hollande est beaucoup moins avancée intellectuellement que la France. Sa sollicitude est toute matérielle.

Dans la première colonie, rien ne manque sous ce rapport.

Les dortoirs et les promenoirs m'ont paru bien mieux tenus que dans les colonies de mendiants. Tout est net, propre et rangé.

Cependant, il y a un usage qui m'a surpris : c'est qu'un ménage, composé en général d'un homme, sa femme et ses enfants soit préposé à la surveillance de chaque quartier de filles comme de garçons. N'y a-t-il aucun inconvénient à placer un homme au milieu de soixante jeunes filles et une femme au milieu de soixante jeunes gens? Les Hollandais ont une réponse péremptoire : ils disent : ce sont des gens mariés !

L'homme porte le nom de père, la femme porte le nom de mère. J'aimerais mieux un surveillant choisis par les jeunes garçons eux-mêmes, et qu'ils nommeraient frère aîné ; j'aimerais mieux une surveillante désignée par chaque division de jeunes filles, et qu'elles appelleraient sœur aînée.

Les travaux, soit dans les ateliers, soit dans les champs, sont exécutés avec entrain, activité, gaîté.

Dans cette colonie, comme dans celles des mendiants, un système de rémunération et de retenue existe. Ce tableau l'expliquera.

Celui qui gagne	a pour dépenses nécessaires.	pour dépenses extraordinaires	pour fonds d'entretien.
» f. 50 c.	» 03	» f. 02	» f. 45
1 »	» 05	» 05	» 90
1 50	» 10	» 10	1 30
2 »	» 15	» 15	1 70
2 50	» 25	» 25	2 »
3 »	» 35	» 35	2 30
3 50	» 43	» 43	2 64

La discipline extérieure et intérieure est bien observée. Voici le nom des emplois, le nombre des employés, le chiffre du traitement :

1 Directeur adjoint . . . . 1,200 flor.

1 Sous-Directeur (intérieur) 600

1 id. (extérieur) 500

1 Teneur de livres (intérieur) 364

1 id. (extérieur) 312

1 Maître d'école en chef 450

2 — en second (250) 500

3 — en troisième (150) . . . 450

1 Maître de magasin 312

1 Maître de boutique 364

1 Chef d'atelier 364

8 Surveillants de salle (6 de 2ᵉ et 2 de 1ʳᵉ classe) 2,246

1 Berger 234

1 Médecin 700

3 Maîtres de quartiers (312) 936

1 Couturière 156

1 Blanchisseuse 143

1 Préposé à la boulangerie 156

1 Adjoint. 104
1 Portier. 130
1 Garde-champêtre 104

Les écoles sont bien tenues. On y apprend à chanter, à lire, à écrire, à compter ; on y donne les éléments de l'histoire nationale et de la géographie hollandaise.

Le régime alimentaire est bon. Il se compose, au déjeûner de 6 heures, d'un potage de farine d'orge ou d'avoine ; au dîner de midi, d'une livre de pommes de terre mêlées à une autre sorte de légumes et à 20 grammes de viande de mouton, de bœuf ou de porc ; au souper de 6 heures du soir, de beurre et d'une tasse d'eau et de lait chaud.

Ils ont, en outre, les grands, une livre de pain, les moyens 4/5 et les petits 3/5 de livre. Ce pain est fait de trois parties de pommes de terre et d'une partie de seigle ; il est détestable et indigeste. Mais, dans toute la Hollande, il n'y a pas de pain mangeable. Le vendredi et le samedi, jours auxquels les catholiques ne mangent pas de viande, ils reçoivent du lait et du café.

Les orphelins se réunissent dans le réfectoire ; à un signal, ils prennent leurs rangs ; une prière est faite par un d'entre eux et ils se mettent à table. Ils mangent trois ou cinq à la même écuelle et ils gardent le silence.

Grâce à cette nourriture abondante et saine, grâce à cette vie réglée et disciplinée, grâce aussi à un travail constant, mais modéré, la santé est parfaite.

Le temps n'est pas éloigné où, dans la ville d'Amsterdam, 4,000 orphelins ou orphelines, dont les vêtements, mi-parti rouges et mi-partie noirs, rappelaient le costume du XIVᵉ siècle, étaient renfermés et entassés dans un hospice qui aurait pu à peine en contenir 800.

Aussi la mortalité était effrayante, et on ne saurait

imaginer l'abâtardissement intellectuel et physique de ces pauvres créatures.

Maintenant, rien de semblable. Quinze jours, il est vrai, après son arrivée à Veenhuisen, l'orphelin entre à l'hôpital, car il doit s'acclimater ; mais dès qu'il sort de l'infirmerie, sa constitution se fortifie et sa santé s'améliore.

Les jeunes filles, surtout, sont blanches, roses et fraîches ; elles présentent l'aspect de la santé, de la force et du bonheur.

Les maladies les plus fréquentes sont les fièvres, les diarrhées et les maladies d'yeux. Les deux premières tiennent au climat. Les exhalaisons de la tourbe, dont l'extraction se fait dans les champs, et dont l'usage est habituel dans l'intérieur, sont, par les vapeurs de carbone et d'azote qu'elles exhalent, la cause principale des ophtalmies. Il y a, en général, à l'infirmerie 75 malades et 38 galeux.

La mortalité est en moyenne de 54. L'année 1847 a été toute exceptionnelle. Il y a eu 127 décès.

La première colonie possède une étendue de 369 hect. 28 ares.

97 h.	61 ares	sont en seigle ;
9	02	en orge ;
17	78	en avoine ;
4	84	en blé noir ;
67	48	en pommes de terre ;
2	96	en jardinage ;
67	79	en prés ;
73	83	en genêt ;
18	»	sont affectés à l'extraction de la tourbe, et quand l'extraction est faite, ils sont semés en blé noir ;

7 78   sont en promenades, en plantations et en préaux ;

2 19   sont en terres vagues.

Le bétail placé dans la colonie se compose de

20 chevaux ;

6 bœufs de travail ;

51 vaches ;

1 taureau ;

515 moutons.

Tels sont les éléments de l'exploitation agricole.

Quant aux ateliers, outre la paneterie, la blanchisserie et les cuisines dont il y a toujours une pour deux salles, j'ai remarqué :

1 atelier de menuisiers ;

1   —   de charpentiers ;

1   —   de maçons ;

1   —   de tricot ;

1,   —   de tissage ;

1   —   de teinture.

Somme toute, cette première colonie, affectée aux orphelins, a quelque chose de vraiment satisfaisant. L'institution n'a pas la grandeur que peuvent avoir les établissements d'un peuple puissant et modèle ; mais elle est fort convenable et bien appropriée à la population, aux mœurs et au caractère hollandais.

II⁰ ET III⁰ COLONIES FORCÉES DE MENDIANTS
A VEENHUIZEN.

La 2⁰ et la 3⁰ colonies de Veenhuizen sont, ainsi qu'Ommerschans, des dépôts de mendicité. La population principale se compose donc de mendiants. Néanmoins, il y a aussi des vétérans et des ménages indigents.

Ces deux institutions accessoires méritent d'être examinées d'une manière spéciale.

Le roi des Pays-Bas a toujours eu un grand attachement et une sollicitude constante pour son armée. Il est le père de ses soldats. Aussi, a-t-il pris une mesure particulière en faveur des militaires qui ont bien et longtemps servi la patrie. Le titre de vétéran assure une place dans les colonies agricoles. Là, ces vieux militaires ont une chambre où ils s'établissent avec leur famille, et leurs enfants jouissent de l'éducation et de la solde communes. Quant à eux, ils ajoutent à leurs pensions la rémunération due à la surveillance qu'ils exercent. Telle est l'institution des vétérans.

Quelle est maintenant l'institution des ménages ? C'est encore une œuvre philanthropique et méritante. Moyennant une certaine rétribution très inférieure à celles demandées dans les hospices, des familles se rendent aux colonies de bienfaisance et sont reçues comme ménages. A ce titre, elles ont une habitation distincte et spéciale et elles participent aux labeurs et aux avantages de la colonie. Ce sont de petites maisons privées et individuelles dans la grande maison ; c'est l'habitation personnelle, la vie privée au sein de la Société générale, mais ce sont les travaux communs et la solde proportionnelle.

L'institution des ménages, comme celle des vétérans, s'unit et se relie aux colonies agricoles. Le caractère des établissements hollandais est d'infliger la vie commune comme une punition et de faire entrevoir la vie intime et privée comme une récompense heureuse et désirable.

Abordons maintenant la 2e colonie de Veenhuizen. La population se compose : 1° de 1,497 mendiants, dont 858 hommes et 639 femmes. Parmi les hommes, 245 sont catholiques, 652 sont protestants, 90 appartiennent à la religion juive. Parmi les femmes, 157 sont catholiques, 266 protestantes et 62 juives.

2° De 90 ménages indigents dont les différents membres atteignent le chiffre de 345 personnes. 156 n'avaient pas encore treize ans.

3° De 47 employés. Voici la nature de leurs fonctions et le chiffre de leurs traitements.

1 Directeur en chef	1,000 flor.
1 Sous-Directeur	600
1 Teneur de livre	600
1 Médecin	700
1 Apothicaire	460
1 Garde-magasin	312
1 Cantinier	365
1 Chef de fabrique	365
1 Instituteur	375
7 Surveillants (chacun)	273
1 Maître boulanger	260
1 Maître maréchal	365
1 Maître charron	365
1 Maître sabotier	312

1 Brigadier de vétérans. 208
1 Sous-Brigadier. 156
7 Gardes-champêtres pris parmi les vétérans. 104
17   —   pris parmi les colons. 130
1 Capitaine commandant de vétérans. . . 500

L'étendue de la colonie est de 395 hectares.

100 h. 09 ares sont semés en seigle ;

8	83	—	en orge ;
12	46	—	en avoine ;
9	46	—	en blé noir ;
65	40	—	en pommes de terre ;
3	87	—	en jardinage ;
66	45	—	en prairies artificielles ;
65	49	—	en genêt.

Il y a en outre :

28   24 affectés à l'extraction de la tourbe , puis se-
          més en blé noir ;
16   34 pour bâtiments et préaux ;
14   33 terres non cultivées
6   04 Terres non productives.

Voici maintenant quelle est la nature et la quantité de bétail.

18 chevaux ;
7 bœufs ;
60 vaches ;
2 taureaux ;
355 moutons.

Il manque une porcherie , et je ne puis comprendre comment elle n'est pas établie.

Il y a , en effet , à Veenhuizen , trois colonies rappro-chées ; il y a une population nombreuse. Les enveloppes des légumes, les débris des repas , les eaux de vaisselle .

tout cela emprunté aux trois colonies et réuni, formerait une nourriture suffisante pour un grand nombre de porcs.

C'est sur cette donnée et avec ces éléments que la porcherie de la ferme Sainte-Anne, dépendance de Bicêtre, est établie, et on sait les revenus considérables qu'elle produit.

Il en serait de même à Veenhuizen. On pourrait et on devrait avoir un certain nombre de truies : les portées seraient élevées, les cochons engraissés, et chaque année on pourrait en tuer un certain nombre pour les besoins de la colonie ou pour le commerce.

C'est une lacune que la direction fera bien de combler au plus tôt.

Les colons s'occupent aux travaux des champs. Ils s'occupent aussi à la manufacture qui vient d'être créée près de l'établissement.

Une machine à vapeur de la force de 35 chevaux fait mouvoir 5,500 broches et occupe 200 ouvriers dont les deux tiers sont des enfants. Elle est établie dans un vaste bâtiment à deux étages. Rien de plus spacieux, de plus aéré, de plus confortable que les salles de travail ! Les divers détails des mécaniques sont si propres et si bien entretenus ! Les diverses mutations que prend successivement le coton si blanc à l'œil, si soyeux au toucher, sont surveillées avec tant de soins ! L'extrême propreté des vêtements, la fraîcheur et la santé des jeunes gens, des jeunes filles et des enfants qui travaillent avec attention, mais sans efforts, tout concourt à produire l'aspect le plus satisfaisant.

Quelle différence avec le spectacle que présentent les hommes et les femmes qui cardent et filent à la main le chanvre et le lin dans les combles ! Nous avons dit déjà combien nous trouvions ces emplacements défectueux et insalubres.

Toute cette population est rétribuée suivant sa capacité, son âge et son travail. L'économie de la paie se fait dans les proportions suivantes :

Celui qui ga- gne comme paie de sa journée	a pour la boutique	pour argent de poche	pour l'ex- traordinaire	pour l'entretien
»fl. 50 c.	»fl. 10 c.	»fl. 03 c.	»fl. 02 c.	»fl. 35 c.
1 »	» 10	» 07	» 03$^{1/2}$	» 79$^{1/2}$
1 50	» 10	» 12	» 06	1 22
2 »	» 10	» 18	» 09	1 63
2 50	» 10	» 23	» 12	2 05
3 »	» 10	» 28	» 14	2 39
3 50	» 10	» 33	» 19	2 88

3ᵉ COLONIE.

La population de la troisième colonie est de 1,304 mendiants, dont 628 hommes, 560 femmes et 116 enfants. 381 sont catholiques et 923 protestants. Outre ces 1,304 mendiants, on compte 19 chefs d'exploitation et 34 vétérans qui, réunis à leurs familles, forment un total de 172 personnes. Il y a enfin 24 ménages indigents qui réunissent 135 individus.

Voici le tableau des employés :

1 Directeur . . . . 1,300 flor.
1 Sous–Directeur (intérieur). 600
1 Sous–Directeur (extérieur. 500
1 Teneur de livres (pour l'intérieur) . . . 364

1 Teneur de livres (pour l'extérieur) . . . . 364 flor.
1 Maître d'école. 375
1 Garde-magasin 312
1 Préposé à la boutique 364
1 Surveillant (intérieur) 500
1 Surveillant (extérieur) 600
1 Directeur de fabrique 364
6 Surveillants des salles (chacun 270 flor.). 1.620
1 Berger 260
1 Médecin 700
2 Maîtres de quartiers 624

L'étendue de la colonie est de 380 hectares.
100 sont cultivés en seigle ;
66 en pommes de terre ;
64 en genêt ;
72 en prés artificiels ;
30 en avoine ;
38 en blé noir.

Il y a 18 chevaux, 50 vaches à lait, 14 à l'engrais et 4
taureaux.

L'agriculture occupe beaucoup de bras, mais les ateliers en emploient beaucoup aussi. J'ai cru remarquer que
les ouvriers des champs jouissaient d'une santé plus forte
et avaient un aspect meilleur que ceux des fabriques. C'est
aussi que, dans cette colonie, comme à Ommerschans, les
ateliers sont dans les combles. Le filage et le tissage du lin
et du coton si malsains par eux-mêmes, reçoivent, d'un
local sans lumière, sans air et sans espace, un nouveau degré d'insalubrité.

Ces combles contiennent aussi des quartiers où les mendiants couchent, mangent et se promènent. Cet état de
choses ne peut durer.

Enfin, ces mêmes locaux renferment encore les infirmeries, et on ne saurait en trouver de plus mauvaises. Nul
air, nulle propreté, nul soin. Quatre rangs de lits enfin,
et quelquefois deux malades dans un même lit. Que dire
aussi de l'infirmerie des enfants?

Au bout du quartier des colons qui ont moins de 13 ans,
se trouve un petit emplacement séparé de la salle par une
cloison. Une seule couche s'étend dans toute la longueur. Là
sont accumulés côtes à côtes et pêle-mêle les petites filles
et les petits garçons qui ont la gale. C'est le même matelas
qui les supporte tous, c'est la même couverture qui les
enveloppe tous. Quelle horreur et quelle barbarie ! Et ces
petites créatures, ignorantes, insouciantes, joyeuses et
bruyantes, pleuraient, criaient, se grattaient, se pinçaient
et riaient tour-à-tour.

Je ne pus m'empêcher de faire à haute voix une criti-
que sévère d'une telle inconvenance, et je me pris à re-
gretter qu'au lieu d'avoir trois médecins, les colonies de
Veenhuisen ne se décidassent pas à en avoir un seul, mais
d'un âge convenable et d'un talent reconnu. En effet, les
trois colonies étant peu distantes les unes des autres,
un médecin suffirait pour les desservir. On pourrait,
d'ailleurs, réunir dans une seule infirmerie les malades des
trois colonies.

J'ai toujours pensé qu'un homme distingué valait mieux
que trois ignorants ; mais j'ai aussi toujours cru qu'un
homme distingué devait obtenir une rémunération suffisante. Ainsi donc, si j'avais à donner un conseil à la Société générale de bienfaisance, je lui dirais : Vous avez
trois jeunes médecins, à peine sortis des bancs de l'école,
n'ayez qu'un seul praticien, mais d'un talent reconnu et

d'une expérience respectable, et allouez-lui les traitements réunis de ses trois devanciers.

J'ose affirmer que, de la sorte, les maladies seraient bien moins fréquentes.

A mon passage, les infirmeries étaient encombrées et les décès dépassaient le chiffre de six pour cent.

Dans cette colonie, la discipline est ferme et sévère. Le sous-directeur qui la maintient m'a paru juste, énergique et parfaitement à sa place.

Cette sévérité, du reste, est nécessaire, à cause de l'agglomération redoutable que présente la population. Elle est nécessaire aussi à cause du grand nombre d'individus en état de récidive qui se trouvent dans les rangs des colons.

Aussi est-on amené à se demander comment les mendiants ne sont pas classés par catégories. En effet, comment mêle-t-on à des gens faibles des hommes pervers ? Comment confond-t-on des victimes de la misère avec des condamnés de la justice ? En vérité, une prompte et sérieuse réforme doit être opérée à cet égard. Il faut que les mendiants soient classés et que les trois colonies deviennent autant de degrés dans l'échelle de l'amélioration morale.

De la sorte, l'institution serait au niveau des progrès actuels, et ces colonies de bienfaisance fondées par la charité privée, patronées et soutenues par le gouvernement, atteindraient plus aisément le but qu'elles se proposent.

Que veut-on ? Donner à des mendiants des habitudes d'ordre, de travail, de prévoyance; dépouiller le vieil homme et rendre à la société des ouvriers devenus laborieux, et qui, par l'activité et l'économie de leur vie ultérieure, deviendront propriétaires. Je crois qu'on réalisera en partie ce but, pour les mendiants amenés à Veenhuizen ou à Ommerschans. Quant aux enfants nés ou élevés dans les colonies, nourris de bons préceptes, aidés par l'instruction professionnelle, ou bien ils rentreront dans la société et y vivront convenablement, ou ils resteront dans les colonies, utilement employés. Dans tous les cas, ils mèneront une vie honnête, laborieuse et honorable.

A tant de titres, les colonies de Veenhuizen offrent une étude aussi curieuse qu'utile.

Telles sont les notes recueillies en visitant les colonies agricoles des Pays-Bas.

Prochainement, nous nous proposons d'étudier avec une attention égale les colonies nouvelles de l'Algérie.

Il conviendra alors de comparer le système français avec le système néerlandais et dans la théorie, et dans l'application, et dans les résultats ; il conviendra d'apprécier les progrès opérés, les améliorations introduites, enfin de formuler nos idées personnelles sur cette importante question.

www.ingramcontent.com/pod-product-compliance
Lightning Source LLC
Chambersburg PA
CBHW070832210326
41520CB00011B/2227